尊敬的玉兔先生：

　　中国人的月球基地已经建成，鉴于您在前期月球探测中做出的卓越贡献，我们诚邀您作为首批乘客参观月球基地。请您在本月×日前往文昌航天发射场，搭乘皎洁号飞船前来参观。

　　祝您旅途愉快！

中国月球科研基地负责人

吴刚

203×年×月×日

（注：本书中有部分科幻内容，敬请发挥想象力来解读）

国家出版基金项目
NATIONAL PUBLICATION FOUNDATION

这就是中国·中国探月 丛书

探月工程科普绘本

你好，月球村

张智慧 郑永春 著

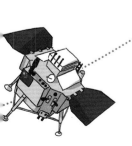

北京时代华文书局

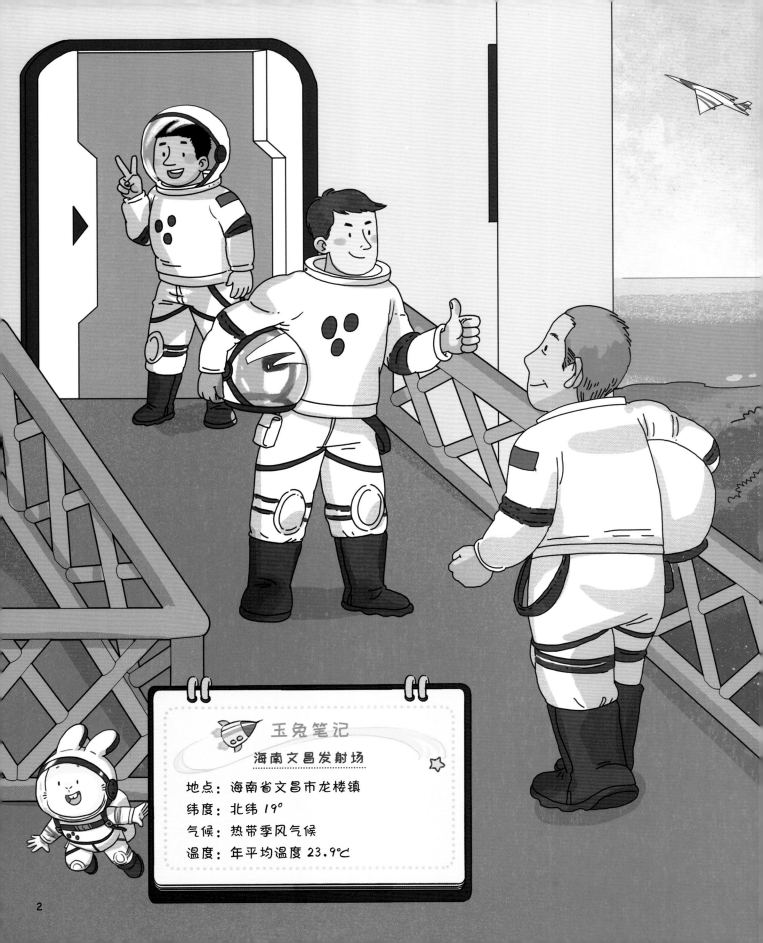

玉兔笔记

海南文昌发射场

地点：海南省文昌市龙楼镇
纬度：北纬 19°
气候：热带季风气候
温度：年平均温度 23.9℃

　　要去月球基地参观了！这真是令人激动的消息。我迫不及待地乘坐时光号超音速飞机来到位于海南的文昌航天发射场。啊！终于见到了把我们送到月球去的火箭——逐月号。看上去它和长征五号火箭差不多呢，在它上方的整流罩里，就是飞往月球的专用飞船——皎洁号。和我一起前往月球的是皎洁号飞船的指令长，还有两名去执行任务的科学家——一名植物学家和一名电子专家。工作人员帮我们穿好航天服，送我们进入飞船内。现在，一切就绪，就等火箭起飞了。

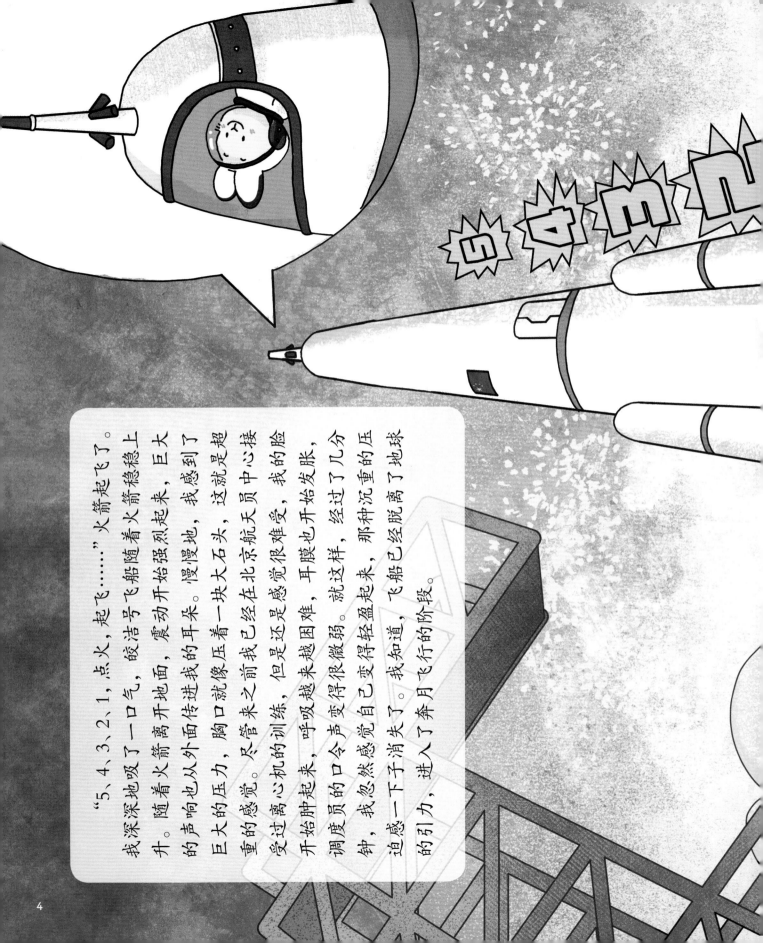

"5、4、3、2、1，点火，起飞……"火箭起飞了。我深深地吸了一口气，皎洁号飞船随着火箭稳稳上升。随着火箭离开地面，巨大强烈起来，巨大的声响也从外面传进我的耳朵。慢慢地，我感到了巨大的压力，胸口就像压着一块大石头，这就是超重的感觉。尽管来之前我已经在北京航天员中心接受过离心机的训练，但是还是感觉很难受，我的脸开始肿胀起来，呼吸越来越困难，耳膜也开始发胀，调度员的口令声很微弱。就这样，经过了几分钟，我忽然感觉自己变得轻盈起来，那种沉重的压迫感一下子消失了。我知道，飞船已经脱离了地球的引力，进入了奔月飞行的阶段。

4

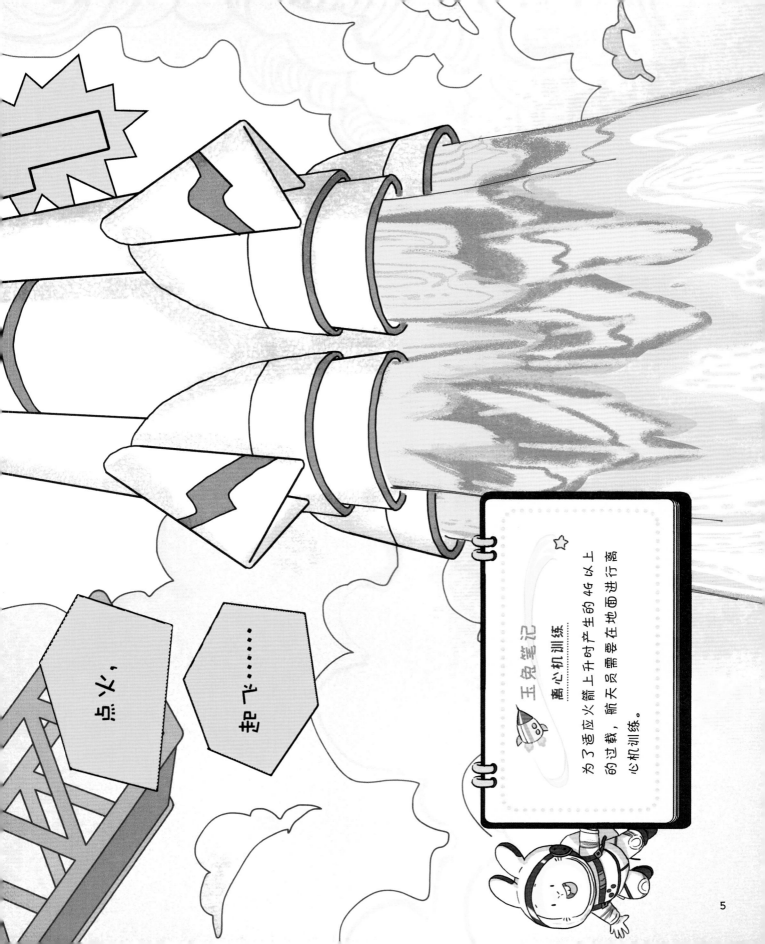

终于可以放松一下了。我们脱下了厚重的舱内航天服，换上了舒适轻便的旅行专用生活服。我打开专用飞行包，嗯？这里有一本《月球开发史》。第一页居然是嫦娥五号的故事。我还清楚地记得当年嫦娥五号是由大力士长征五号运载火箭送往月球的，它经历了起飞、绕月、落月、取样、上升、对接、返回、着陆等一系列高难度的过程，将约2千克的月壤带回地球。它回来的时候是一个冬夜的凌晨，一只草原上的小狐狸率先迎接它的到来。嫦娥五号带回的月壤非常珍贵，也从此开启了中国人探索月球奥秘、利用月球资源、建设月球科研基地的大门。后来，中国又发射了嫦娥六号、七号等一系列的探测器，发现了月球的很多奥秘……

1 发射升空

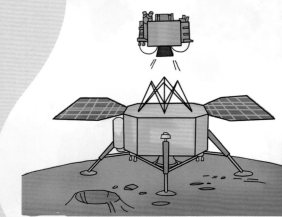

5 上升分离

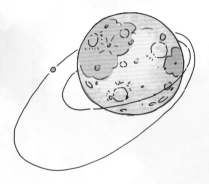

2 环月飞行

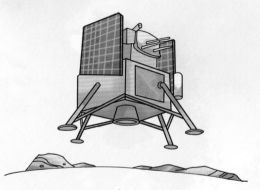

3 着陆月球

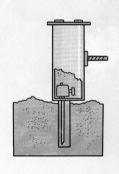

4 钻孔取样

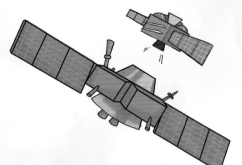

6 月球轨道对接

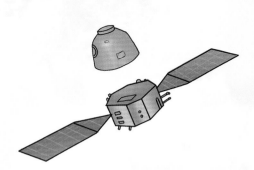

7 轨道器和返回器分离

8 返回器着陆

9 欢迎回家

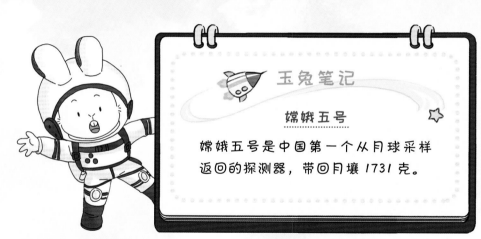

玉兔笔记

嫦娥五号

嫦娥五号是中国第一个从月球采样返回的探测器，带回月壤 1731 克。

我继续向下翻，书上还记录了月球基地的建设史，第一代是机器人建设时代，它们完成月球基地选址、勘测，铺设飞船着陆区，以及进行一些技术验证。然后是第二代，少量的工作人员携带生活用品、建筑材料以及一些小型生产设备来到月球，进行氧气制造，建立简单的生活居住和工作区，部署发电设备，开展原位资源利用技术验证。目前的月球村已经是第三代了，三十多名工作人员可以同时在这里连续生活工作半年。氧气和水的制备已经不是问题，食物和能源也能自给自足。他们在这里开展更多研究，比如如何进行火箭燃料生产，如何将月球资源运回地球，等等。

玉兔笔记

原位资源利用技术

利用月球自身资源的技术，如利用月壤建设居住地，以及将月球上的物质直接转化为氧气和水等。

玉兔笔记

天宫空间站

中国人在近地轨道上建立的第一个大型空间站。

守望号空间站

一个建立在月球轨道上的空间站。

　　也许是一天的旅程太累，也许是发射的时刻太紧张，我居然翻着书睡着了，晚饭都没有吃。这一睡，就是两天。"各位乘客请注意，飞船即将抵达守望号空间站。"指令长的声音把我从梦中唤醒。咦？不是要去月球吗？这是哪里呢？我透过舷窗向外看，只见月球就在不远处，而近处，是与中国天宫空间站差不多的一个大家伙。不同的是，在这个大家伙上，对接了两个与皎洁号完全不一样的飞船。"请您带好行李，我们将进入守望号空间站休息，然后再前往月球。"指令长的声音再次传来，我赶紧吃了几口植物学家送给我的面包和巧克力，把没看完的书装进飞行包。

　　皎洁号缓缓与守望号对接在一起，我们在指令长的带领下进入守望号空间站。原来，这是一个建立在月球轨道上的空间站，也是我们前往月球的中转站。来自地球的客人只需要先被送到这里，然后再乘坐小型飞船下降到月球上即可。嗯，这个主意真不错。守望号站长热情接待了我们，我们也带来了他盼望已久的来自地球的新鲜水果和蔬菜。休息一天后，我们把另一些食物和水以及科研设备转移到了一艘名为月瑶号的飞船上，指令长带着我和植物学家进入月瑶号前往月球。咦，等等！那位电子专家呢？原来，守望号舱外的一台通信设备出了问题，他的任务就是来这里进行故障诊断并进行维修。好吧，再见了！电子专家！

玉兔笔记

中国月球科研基地——月球村

位于月球朝向地球一面的高纬度地区，这里靠近南极，地势相对平坦，附近有丰富的水冰资源。

14

月瑶号缓缓下降，我们马上就要到月球了。和航天员返回地球要用降落伞不同，我们乘坐的月瑶号飞船有四条腿，可以稳稳地降落在月球表面。月瑶号停稳，我一下子又回到了重力世界，但和地球上的感觉又不一样，身体似乎轻盈了很多。这是一片开阔又平坦的区域，现在是月球上的黄昏时分，太阳在月平线上，把飞船和人的影子拉得很长。我们穿好月球服，走出舱外。中国月球科研基地负责人吴刚已经在舱外开着他那辆银色的月球越野车在等我们了，我暂且叫他"村长"吧。

　　第一次踏上月球，太激动了，刚和村长握完手，我就很想蹦一下。可是，我刚刚向下蹬地，身体就被弹起来，一下子跳得老高。这可把村长吓坏了。还好，我身边的指令长是第二次来月球，非常有经验，就在我跳起来的刹那，他快速拽住了我的胳膊。还好，我体重比较小，一下子就被他拉了下来。我向他吐了吐舌头，表示自己不该太调皮。吴刚村长笑着说："原来是只淘气的玉兔。别忘了，这里的重力只有地球的六分之一，在这里，你肯定跳得更高了。"

玉兔笔记

月壤

月壤就是覆盖在月球表面的细腻的砂土层，由直径小于 1 毫米的具有黏性的细小粒子组成。大块的月球基岩在小天体的撞击之下被不断打碎、混合、翻动，最终在月球表面形成一层月壤。月壤在月球各处的厚度不同，薄的地方只有几厘米，厚的地方有 5—6 米。

　　坐上村长的月球车，我们一路疾驰前往月球村。然而一路上，并没有我想象的尘土飞扬。村长告诉我，这里是月球最年轻的区域，月壤的厚度很薄，在月球村建设的早期，他们利用微波融化技术将月壤融化铺成了路。月球村并不远，只有不到五公里，我们穿过一个山口，似乎进入了一个小山坳，月球村就展现在我们的右前方了。原来月球村背靠一个小型撞击坑的边缘，似乎有一部分就藏在起伏的山体里，向外延伸出很多个白色舱段，连接在一起，中间有一个很大的弧形顶的舱，上面部分是透明的。最前面，有一个小的红白条相间的舱段。村长说，那里就是进入月球村的门户了。

　　车子在月球村门户停下，指令长和植物学家下了车，村长示意我不要下车，然后带着我向旁边的一个小山坡上开去。我看着落日担心地问村长："太阳快下山了，咱们是不是得赶紧进舱去了呢？"村长看着我哈哈大笑："玉兔啊，你又忘了吗？月球上的一天可是相当于地球上的 28 天呢。再说，这里靠近南极，日照时间很长，太阳几乎不会完全落下，这样的黄昏，要持续好几个地球日呢。不着急，我们可以慢慢欣赏月球上的落日风光。"

从车里钻出来，我才发现，这里真是一个绝佳的观景位。从这里俯视整个月球村，能够看清楚每一个建筑，也能看清楚它们之间的连接关系。"最远处那个独立的大天线是天文台。看到那个最中间最高的半透明的房子了吗？在它的左边有一个方形的舱，那是核心控制舱，它负责整个月球村舱内的氧气供应和温度湿度控制，可以说是整个月球村的心脏。"

村长接着介绍："半透明房子的右侧是两个狭长的生态种植舱。前方是大大小小四个实验舱，当然，还有进入月球村的入口。""那……那个半透明的房子是用来做什么的呢？你们睡在哪儿呢？还有那些灰色小土包是什么呀？"我好奇地问。"这个嘛，一会儿你就知道了。"村长故意卖了个关子。

然后，我们驱车下山，从门户舱进入月球村。我们先进入风淋除尘间，在这里，强大的气流可以把月球服上残留的月尘吹掉。然后进入气闸舱，待压力平衡后，我们摘掉头盔，脱掉厚重的月球服，换上了轻便的舱内生活服，走进在我脑海里充满了无数个问号的半透明房子。啊，原来这里是月球上的小型"植物园"！

这里种满了十几种植物，中间还有一个假山和喷泉。村长告诉我，这里是科研人员在工作之余，最喜欢来的休闲场所，可以闻一闻花香，听一听水声，看一看绿色，让眼睛和心灵都得到放松。我不禁疑惑：月球上的水那么珍贵，为什么还要做个喷泉呢？多浪费呀！

玉兔笔记

气闸舱

即大气压力调节舱，用于月球村与外界的过渡，能够平衡舱内和外界大气压。航天员进入月球村前，要先进入气闸舱，关好与外界的隔离舱门，等到舱内压力恢复到与月球村内相同的水平，再进入月球村。

村长看出了我的疑惑，对我说："月球上的水主要有两种来源：一是利用月球矿物中提炼的氧和月壤中提炼的氢合成水；二是从月球上的永久阴影区提取水冰，再转化成水。你还记得我们的嫦娥七号着陆南极的任务吧？就是在那次任务中，我们发现了这个环形山背后的区域有很多水冰，后来我们又派了很多机器人来探路，才最终确定了现在的月球村的位置。目前基地中的水大部分是由水冰转化来的。"

"当然，我们所有的水都是循环利用的，包括人体排出的汗液、尿液，都要循环使用的。不过，用来浇灌植物就好。"说着，村长从旁边的取水机上取了一杯水递给我，"来，尝尝我们从最新的一个水冰区新采集转化来的水。"我已经半天没有喝水了，接过杯子咕咚咕咚一饮而尽，感觉非常甘甜。

玉兔笔记

水冰

水冰是由水或融水在低温下固结而成。月球上的水冰大多在陨石坑内，最早由美国和印度的探测器发现，其中月球北极有 40 多个充满水冰的陨石坑。

我抬头望了望透明的穹顶，不禁问村长："这个是塑料还是玻璃？为什么那么大？还看上去特别轻？""玉兔，你观察得很仔细嘛。这的确是一种轻质透明材料，不过它既不是玻璃，也不是塑料，而是一种气凝胶。这种材料是利用月球上分布广泛的二氧化硅制成的，在地球上制造时不完全透明，但在没有空气的月球上制造就可以做成透明的。"村长说。哦，这可真神奇。"玉兔，你饿了吧？走，我带你去吃饭。"经过村长提醒，我才感到肚子已经在咕咕叫了。

　　我们来到餐厅，工作人员递给我们配制好的午餐。午餐简单又健康，主食是米饭，一个苹果，两种绿色蔬菜，一份麻婆豆腐，还有一种像蚯蚓样的肉干。村长说："这个叫黄粉虫，是月球村里养殖的。月球村目前还不能养殖动物，这个是最解馋的食物。""村长，我给你带了内蒙古的牛肉干。""哦，那太棒了。谢谢！"

吃完饭,穿过餐厅的一道门,村长带我走进生态舱。原来这里是月球村的养殖基地。舱内湿度很大,通道两侧种满了各种蔬菜,有小油菜、菠菜、生菜、黄瓜,还有已经挂果的红色西红柿。在这里,我见到了一起来月球村的植物学家。他正在两株我不认识的小树前忙碌着,看它的叶子的样子,不就是刚才吃的一种蔬菜吗?植物学家说:"这个树叫矮化辣木,来自中国云南,叶子可以做蔬菜吃,营养很丰富,月球村的居民非常喜欢吃。可是它生病了,瞧,叶片发黄,我这次来,除了帮助基地拓展新的蔬菜类型,还要救治这两棵辣木。"舱尽头处还有几个养殖箱,一位工作人员正在忙碌着。村长说,他们除了养黄粉虫,还在养鱼,并且也在试验用地球上带来的鸡蛋孵化小鸡呢。这可太令我期待了。真希望我离开月球之前能看到孵化出来的小鸡。

从生态舱出来，穿过一道长廊，我们进入了实验区。这里是5A级超洁净实验室，村长告诉我，目前有两类实验室：一类是"原位资源利用实验室"，主要是开发利用月球资源，此前，科学家们已经从一种名为"克里普岩"的岩石中提取出了磷和钾作为生态舱里的化肥，现在，他们正在研究从"克里普岩"中提取稀土元素运回地球；另一类实验室叫作"改变月球实验室"，科学家把一些地球微生物带到了月球，尝试利用它们来改变月球的环境。神奇，没准儿未来月球上会有大气呢。

我一边开心地畅想着，一边跟着村长向里面走。穿过一道舱门，周围忽然暗下来，然后照明灯代替了太阳光，通道里有一个指示牌：通往生活区。村长边走边问我："玉兔，你还记得我们在山上看到的高低起伏的小山包吗？我们就在那些小山包里面。""为什么要把生活区埋在月壤里呢？"我不禁好奇。"你知道月球上没有大气对吧？太阳辐射和宇宙射线可以直接到达月球表面，很容易对人造成伤害。月壤一方面可以用来给生活区保温，隔绝外界热量，另外还可以屏蔽对人体健康有致命危害的太空辐射。所以，我们采用3D打印技术，将月壤覆盖在生活区的外面，就更安全了。""哦，原来是这样啊。可是，不能见到阳光，我还是觉得不舒服。""嗯，习惯了就好。"村长说。

通往生活区

玉兔笔记
3D 打印

3D 打印技术在地球上已经非常成熟了。从人的牙齿到火箭发动机，都可以利用 3D 打印技术完成。所谓 3D 打印，其实是一种增材制造技术……

走过通道，又过了一扇门，一排整齐的健身设备映入我的眼帘。原来这里是月球村的健身房。村长告诉我，因为月球上的重力只有地球上的六分之一，不锻炼身体的话，肌肉会萎缩，骨骼中的钙质会丢失。所以，锻炼身体也是工作的一部分呢。当然，这里的健身器材也和地球上的不完全一样，配有负重带，可以帮助增加重力感。

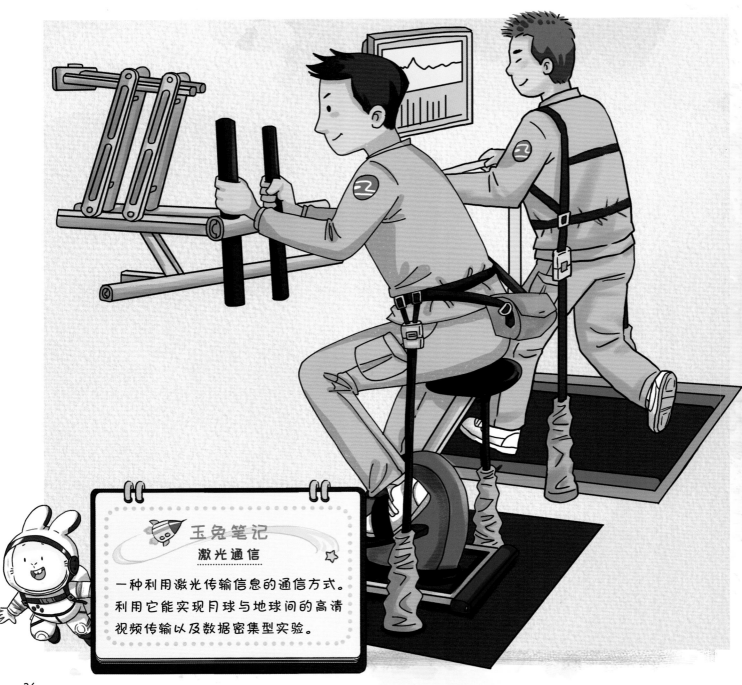

玉兔笔记
激光通信
一种利用激光传输信息的通信方式。利用它能实现月球与地球间的高清视频传输以及数据密集型实验。

月球博物馆 ➡

　　我们穿过健身区，来到一个小厅，厅的周围有一些小房间，上面分别写着：影视厅、棋牌室、医务室。村长说，他最喜欢来影视厅看电影，由于架设了激光通信站，这里可以和地球同步播放最新上映的大片。哇，这可真棒！明天我一定要来看最新上映的科幻电影《4050》。

　　前方的一扇门开了，眼前豁然开朗。原来，这里是月球博物馆。天啊，我简直不敢相信自己的眼睛。嫦娥三号、嫦娥四号、玉兔二号，都在这里呀。"是的，"村长看出了我的惊讶，他解释说，"我们派遣月球直升机去天河基地接回了嫦娥四号和玉兔二号，然后前段时间又去了广寒宫，接回了嫦娥三号和玉兔号。它们是我们中国人开发月球的先驱者，可不能忘记它们呀。""那玉兔号呢？"我好奇地问。"在那里。"村长说。

我顺着村长指的方向看去，只见几个工程师正围着玉兔号检查。"啊，那不是指令长吗？""对，不过，他可不只是指令长，还是通信专家，他们正在想办法把玉兔号与地面失去联系时的数据恢复出来。这样，就可以了解当时发生了什么。"

　　博物馆里还有很多有趣的东西，一边看，村长一边给我讲这些展品的故事。"那条机械臂是首批机器人开发小组中的挖掘设备上的，在挖掘水冰区的时候，遇到了坚硬的陨石，机械臂用力过猛，不小心折断了……那条旧睡袋是第一批来月球的航天员用的，当时条件特别艰苦，他们只能睡在简易的居住舱的地上……那根电缆是我们首次用月球上提炼的材料采用3D打印技术制作的……""那件球衣是？"我好奇地问。村长突然沉默了。过了一会儿，他开口缓缓地说："那是我们的前辈巴特尔的球衣，他是一位蒙古族航天员，来自额济纳旗，特别喜欢踢球。他也是第一批来到月球的建设者，在月球溶洞开发建设中，洞体突然塌陷，他……他不幸牺牲了……"村长的声音哽咽了。我也忍不住擦了擦眼角。

我还在想着巴特尔的事情，村长已经带我走到了睡眠区。我的房间是006号。打开房间，就像走进一间地球上的快捷酒店的房间。不同的是，这里的床和桌子都是用月壤3D打印出来的，外面涂了一层木色的类似气凝胶的材料，也是从月球上的一种岩石里提取出来的。被子是从地球带来的，我摸了一下，特别柔软。原来，这是用新疆长绒棉的纤维精加工而成的，轻巧保暖，专供月球使用。村长说让我早点休息，然后就走了。我打开桌子上的视频通话平台，迫不及待地将我来到月球的见闻与地球上的小伙伴们分享。直到系统提醒我"尊敬的客人，您该休息了"。

电子窗的屏幕上，蓝色地球悬在空中，周围漆黑的夜幕中，嵌着几颗银钉样的星星。我趴在那里，对着那颗蓝色的玻璃弹珠一样的星球凝视。

图书在版编目（CIP）数据

你好，月球村 / 张智慧，郑永春著. -- 北京 ： 北京时代华文书局，2021.7（2022.4重印）
（这就是中国 / 郑永春，张智慧主编. 中国探月）
ISBN 978-7-5699-4183-8

Ⅰ. ①你… Ⅱ. ①张… ②郑… Ⅲ. ①月球探索－中国－青少年读物 Ⅳ. ①V1-49

中国版本图书馆CIP数据核字(2021)第091430号

这 就 是 中 国 · 中 国 探 月
ZHE JIU SHI ZHONGGUO · ZHONGGUO TANYUE

你 好 ，月 球 村
NIHAO，YUEQIUCUN

著　　者｜张智慧　郑永春

出 版 人｜陈　涛
选题策划｜许日春
责任编辑｜许日春　石乃月　沙嘉蕊
责任校对｜张彦翔
插　　画｜海丘文化
装帧设计｜迟　稳　九　野
责任印制｜訾　敬

出版发行｜北京时代华文书局 http://www.bjsdsj.com.cn
　　　　　北京市东城区安定门外大街138号皇城国际大厦A座8楼
　　　　　邮编：100011 电话：010-64267955 64267677
印　　刷｜小森印刷（北京）有限公司
　　　　　（如发现印装质量问题，请与印刷厂联系调换，电话：010-80215073）
开　　本｜889mm×1194mm　1/16　印　张｜3.25　字　数｜54千字
版　　次｜2021年9月第1版　　印　次｜2022年4月第2次印刷
书　　号｜ISBN 978-7-5699-4183-8
定　　价｜48.00元